博物之旅

遥望太空

宇宙

芦　军　编著

安徽美术出版社
全国百佳图书出版单位

图书在版编目（CIP）数据

遥望太空：宇宙 / 芦军编著. —合肥：安徽美术出版社，2016.3（2019.3重印）
（博物之旅）
ISBN 978-7-5398-6679-6

Ⅰ.①遥… Ⅱ.①芦… Ⅲ.①宇宙—少儿读物 Ⅳ.①P159-49

中国版本图书馆CIP数据核字（2016）第047089号

出 版 人：唐元明　　责任编辑：程 兵 张婷婷
助理编辑：方 芳　　责任校对：吴 丹 刘 欢
责任印制：缪振光　　版式设计：北京鑫骏图文设计有限公司

博物之旅
遥望太空：宇宙
Yaowang Taikong Yuzhou

出版发行：安徽美术出版社（http://www.ahmscbs.com/）
地　　址：合肥市政务文化新区翡翠路1118号出版传媒广场14层
邮　　编：230071
经　　销：全国新华书店
营 销 部：0551-63533604（省内）0551-63533607（省外）
印　　刷：北京一鑫印务有限责任公司
开　　本：880mm×1230mm 1/16
印　　张：6
版　　次：2016年3月第1版 2019年3月第2次印刷
书　　号：ISBN 978-7-5398-6679-6
定　　价：21.00元

目录

博物之旅

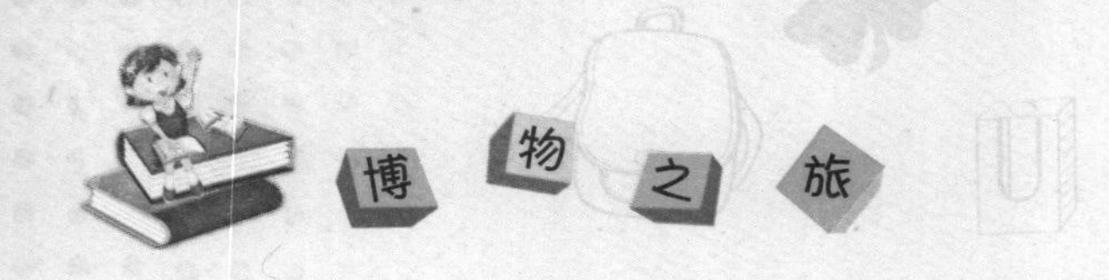
博
物
之
旅

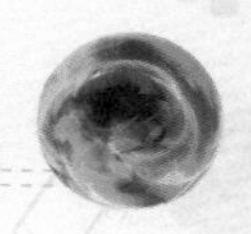

宇宙从何而来？

关于宇宙的起源，大多数科学家都认同“大爆炸宇宙论”。“大爆炸宇宙论”认为，宇宙诞生于大约150亿年前的一次大爆炸。这个理论最早是俄国物理学家伽莫夫在1950年前后提出的，他认为：宇宙起始于一个“原始火球”。在原始火球里，

那时物质处于一种极不稳定的状态，温度和密度都高得无法想象，最终使原始火球发生了爆炸。这次爆炸涉及宇宙的全部物质及时间、空间。爆炸导致宇宙空间处处膨胀，宇宙开始向四面八方延伸，慢慢形成了各种天体，温度也相应下降。当温度降到10亿摄氏度左右时，宇宙间的原始微粒开始失去自由存在的条件，它要么发生衰变，要么与其他微粒结合。组成人类世界的化学元素就是从这一时期开始形成的。这个大爆炸的过程大约经历了30万年。“大爆炸宇宙论”是帮助人们认识宇宙学的最重要理论之一。

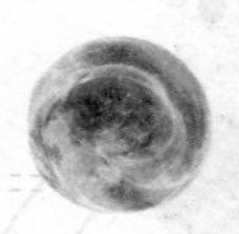

宇宙的年龄是多少？

宇宙的年龄就是宇宙诞生至今的时间，可是没有人知道宇宙是什么时候诞生的。人们虽然不知道它的过去，但是可以根据它的现在来推知过去。美国天文学家哈勃发现，宇宙诞生以来一直急剧地膨胀着，使得天体间都在相互退行，这种退行的速度与距离成正比。这个比例常数叫作“哈勃常数”，它的倒数就是宇宙的年龄。

根据这个原理，得出的结果大致在100亿~200

亿年之间。人们对天体退行速度的测定比较一致，但是关于天体之间距离的测定就不大一样了。天文学家一般是以测定某个星系中造父变星来推知星系的距离的，但是这只适用于近距离星系，对遥远星系并不适用。但是要精确地测定退行速度，遥远星系比较合适。

如何测定遥远星系的距离呢？可以利用比造父变星更亮的行星状星云，或者是利用超新星爆炸。用这种方法得出的宇宙年龄是80亿~120亿年。

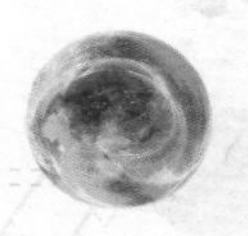

宇宙的未来会怎样？

宇宙是无边无际的，它的形状和体积应该是不会变化的。但是美国天文学家哈勃却发现，离银河系越远的星系，它的退行速度就越快。这是他根据描绘的星系之间的距离，比较了它们的退行速度之后得出的结论。哈勃的这一发现具有重大意义，被称为哈勃定律。按照哈勃定律，星系正在飞速地向四面八方退行，那么整个宇宙一定在不断地膨胀。这样，宇宙的形状和体积就不会是永远不变的了。但是，这种膨胀会持续到什么时

候呢？天文学家们目前还没有得出具体的结论。

宇宙的未来会怎样呢？这是人们都关心的事情。其实，宇宙的未来要么永远膨胀下去，要么发生大坍缩。如果宇宙在临界密度（1立方米有3个氢原子）以下，就会因为没有足够的引力保持凝聚在一起，而永远膨胀下去。如果宇宙在临界密度以上，引力就会促使宇宙坍缩，发生大坍缩现象。

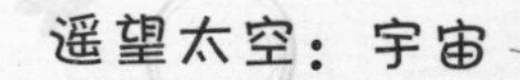

宇宙中有什么？

宇宙是一个无边无际、没有中心、没有形状的物质世界，包括行星、恒星、星云、尘埃以及依附它们的一切物质和空间。

人们居住的地球只是太阳系的一颗行星，太阳系还有另外的七颗行星：水星、金星、火星、木星、土星、天王星、海王星。除了水星和金星之外，每颗行星都有自己的卫星。在太

阳系中，还有众多的小行星、彗星、流星等。太阳系仅仅是银河系的一小部分，在银河系中有无数像太阳一样的恒星。在银河系之外，还有很多像银河系一样的星系，人们称之为“河外星系”。

人类对宇宙的认识，从太阳系到银河系，再扩展到河外星系，视野已达到100多亿光年外的宇宙“深处”，人们把这些统称为“总星系”。但是在总星系之外，还有很多未知的东西等待着人们去发现和了解。

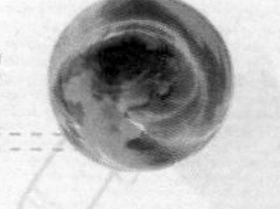

为什么说宇宙有限而无边？

宇宙包容万物，无边无际，而现代宇宙学理论认为宇宙有限而无边，这是什么意思呢？对人们来说，地球已经是一个庞然大物了，乘飞机绕地球一周也得几十个小时，然而太阳竟然能容下130万个地球，它却只是银河系中的普通一员。银河系中有着上千亿颗像太阳这样的恒星，而银河系外还有数不清

的像银河系一样庞大的星系。目前人们借助望远镜至少可以看到100亿光年以外的天体，然而人们看到的只是宇宙的一小部分。受到望远镜的限制，人们还看不到宇宙的全貌，也不能确定宇宙到底有多大。

然而从物理的角度来看整个宇宙，它在时间和空间上都不是无限的，而很可能是由于一次久远的大爆炸形成的。但是这样一个有限的宇宙，人们却永远无法找到它的尽头，因为宇宙是没有边缘的。爱因斯坦的广义相对论已经证明，由于宇宙中物质的引力作用，人们的三维立体世界在宇宙的尺度上是弯曲的。正是因为时空的弯曲，人们在宇宙中航行的时候就会遇到永远也走不到尽头的现象，这就是“宇宙无边”的最基本含义。

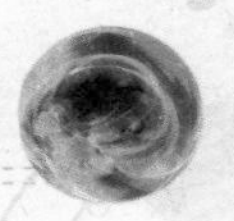

为什么用光年来计算空间距离？

在浩瀚的宇宙中，如果再用米、千米这些长度单位来衡量天体之间的距离，就太不方便了。因为天体之间的距离实在太遥远了，人们平时使用的长度单位对它们来说太微不足道。那么，应该用什么长度单位来计算天体之间的距离呢？目前人们常用的是光年。

光年并不是时间单位，而是长度单位，它指的是光在一年的时间里所走过的距离。光的速度是最快的，每秒钟可以走30万千米，相当于绕地球7圈半，光在一年中走过的距离约

为 9.5 万亿千米。离地球最近的恒星是比邻星，它与地球的距离是 40 万亿千米，用光年计算就是 4.22 光年。这样来计算就比较方便了。

天文学上还有比光年小的计算单位，如天文单位。1 天文单位就是地球到太阳的平均距离，约 14960 万千米，它主要被用来计量太阳系以内的天体间的距离。也有比光年大的计算单位，如秒差距等。1 秒差距约为 3.2616 光年、206265 天文单位或 308568 亿千米，主要用于量度太阳系外天体的距离。

宇宙中会不会发生“交通事故”？

宇宙中一般不会发生“交通事故”，因为虽然星空看起来稠密，但天体之间实际上的距离却十分遥远。而且无论是行星还是恒星或者其他各种天体，都各自受到某一种或几种引力的影响，每一个天体都被迫在自己的轨道上有规律地运行，不

能在宇宙间横冲直撞，所以相互之间几乎没有碰撞的机会。科学家们研究发现，恒星相撞的可能性极小，碰撞的概率是大约每100亿年才会发生一次。当然如果把彗星与行星相遇、流星陨落也算是“交通事故”的话，这样的“事故”倒是有可能发生。在太阳系中，有时就会发生彗星撞击行星或太阳的“事故”。

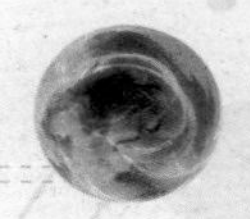

为什么宇宙中绝大部分物质是看不见的？

人们能看见宇宙中的恒星、星系、气体、尘埃等，但是它们的全部只占宇宙总质量的1%~2%，宇宙中的绝大部分物质是不能被肉眼看见的。既然它们不能被肉眼看见，人们又怎么得知它们的存在呢？

由于这些用肉眼看不见的“暗物质”存在着引力，而这种引力对恒星、星系等可见物质的影响是能够测知的。天文学家就根据研究暗物质的引力作用来推断它们的存在以及它们占宇宙总质量的比例。暗物质都包括什么呢？有行星、行星群、褐矮星、黑洞、中微子等，不过这些都是探索中的事物，还没有最后的定论。

有两个宇宙学专家小组根据“宇宙背景探测卫星”的观测资料提出，宇宙主要是由冷、热两种暗物质组成的，前者占宇宙物质总量的69%，后者占30%，人们肉眼看得见的物质占1%。根据这种“混合型暗物质模型”，他们断言，引力不会使宇宙收缩，现存的宇宙将会永远膨胀下去。

太空是一片漆黑吗？

宇宙中有无数的恒星，这些恒星都会发光发热，它们表面的温度很高。但是宇宙也是一个无限的空间，宇宙空间的温度比恒星表面的温度低得多，所以，宇宙空间在人们看来就是漆黑的。如果人们在太空里看宇宙，一定与在地球上看到的很不一样。因为在太空里，由于没有大气层的影响，星星们都显示出它们本来的颜色，不再是地球上所看到的单一的白色，而是呈现出黄、红、蓝、白等多种颜色。同时，由于没有大气的折射，星星看起来也不会再闪烁了。

这时，宇宙就像黑色的背景，而满天的星星像是黑色背景上镶嵌的一颗颗五光十色的宝石。从热力学的角度看，不仅现在宇宙空间是漆黑的，将来也会是漆黑的。

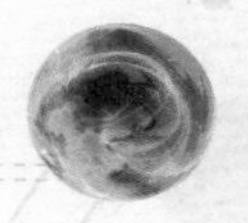

银河是天上的河吗？

晴朗的夜晚，人们经常会看到天上有一条狭长闪光的带，像一条大河流过，于是人们把它叫作银河。其实银河不是天上的河，它是由无数密集的小星聚集起来形成的。所谓小星，只是离地球太远看起来小，实际上有很多比太阳还要大。天文学

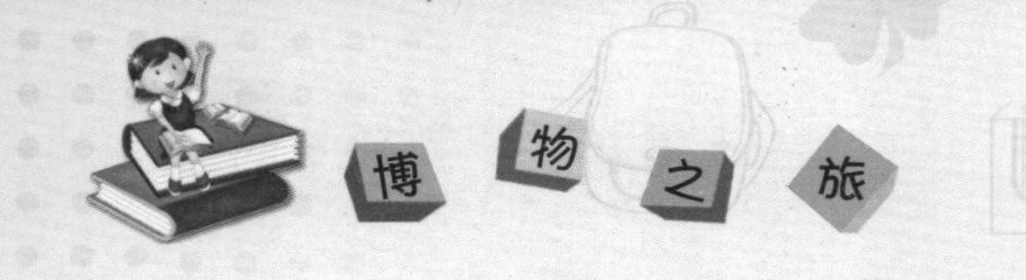

家把银河所围绕成的空间叫作银河系。就像地球是太阳系中的一员一样，太阳和其他恒星都不过是银河系中的一颗小星。

银河系像一个扁平的车轮，直径约8万多光年，其中所有星体都以不同的速度绕着银河系的中心旋转。太阳并不在银河系的中心，它距离中心大约2.8万光年。它和邻近的恒星以每秒钟约220千米的速度绕着银河系的中心在转动。但就是以这样的速度，也得2.5亿年才转一周。

什么是变星？

天文学家们发现，恒星并不是永恒不变的，宇宙中的恒星有很多都在时时刻刻地变化着。有些恒星在几个小时到几百天的时间里，一会儿变亮，一会儿变暗，人们把这种有规律变化的恒星叫作变星。变星可以依据成因分为食变星、脉动变星、

新星、超新星等几种。

食变星是指有两颗恒星互相绕着运行，当一颗星转到另一颗星面前的时候，由于两颗星位置的变化，造成了它们亮度的减弱或增强。食变星中最具代表性的一个是英仙星座的大陵五星。脉动变星是指按照一定周期膨胀和收缩的恒星。由于它存在的年代比较久远，核反应已经很不稳定，所以，在收缩的时候会显得特别明亮，在膨胀的时候显得特别黯淡。脉动变星有很多类型，最典型的代表是仙王星座中的造父一星。新星是亮度在短时间内突然剧增，然后缓慢减弱的一类变星。超新星是爆发规模更大的变星，亮度的增幅为新星的数百甚至数千倍。超新星是恒星所能经历的规模最大的灾难性爆发。

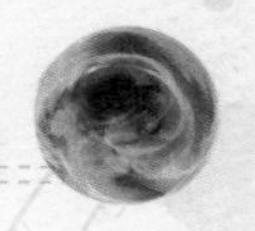

什么是超新星？

根据中国古代史书《宋会要》记载，公元1054年7月4日，金牛座天关星附近出现了一颗客星，在最初的23天内，它比金星还亮，甚至白天也能观测到，以后逐渐暗淡下来，到1056年4月6日消失。这是世界上最早的关于超新星爆炸的记载。天文学家奥尔特认为位于金牛座的蟹状星云就是这次超新星爆炸的抛出物，并把它称为“超新星遗迹”。

当一颗恒星演化到最后阶段，其核心部分的核能源已经消耗殆尽，恒星就会发生坍缩并引起大爆炸，抛出大量物质，形成一个高速向外膨胀的气壳。恒星坍缩后形成的致密天体，由于其质量大小不同，会形成黑洞、中子星或白矮星。超新星爆炸时，恒星的亮度会增加几千万倍甚至上亿倍。

超新星和新星很相似，都是恒星爆炸抛出物质，使星体膨胀并突然增亮，只是超新星比新星更加猛烈，星体膨胀和增亮更多。

什么是脉冲星？

脉冲星是20世纪60年代天文学上著名的四大发现之一，它的发现过程非常有趣。

1967年的秋天，英国天文学家休伊什及其助手贝尔在天文观测时发现了一个奇特的无线电脉冲信号。这个信号的脉冲周期极短，只有1.337秒，而且周期非常稳定，其准确性超过了当时地球上的任何钟表。这个星球离地球

有212光年，于是他们推测这是一种来自“外星人”的信号。休伊什分析了长达5000米的观测记录纸，发现所收到的讯号中没有任何密码之类的信息。他们最后断定，发出这种脉冲的是一个未知天体，并给它取名为“脉冲星”。

脉冲星总是不断朝一个方向发出一束很强的射电波，而且快速地自转。每自转一周它发射出的射电波就扫过地球一次，人们就能记录到一个射电脉冲。由于脉冲星的自转非常均匀，所以人们在地球上就收到了极有规律的脉冲信号。

什么是中子星？

在物理上，物质是由原子构成的，原子核和绕其运动的电子组成了原子。原子核是非常致密的，由带正电的质子和不带电的中子紧密结合一起。

1932年，英国的物理学家查德维克发现中子以后，苏联

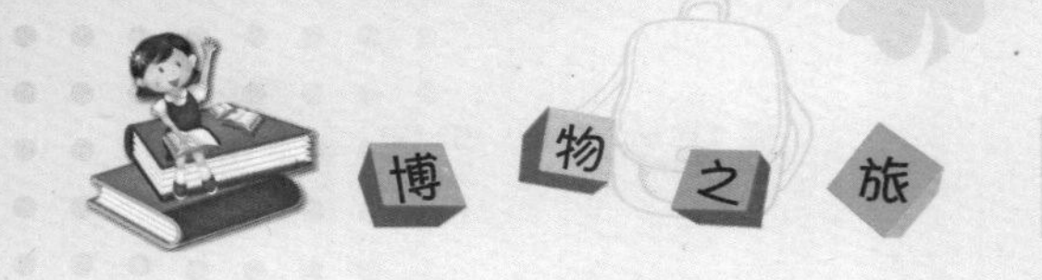

物理学家朗道就预言了宇宙中可能存在一种直接由中子组成的星球。30 多年以后，天文学家们发现了脉冲星，并且确认它就是中子星，证实了朗道的预言。中子星是一种比较奇特的天体，它非常致密，其自身的万有引力可以将相当于一个太阳质量的物质压缩在半径仅为 10 千米的球体内。

天文学家一般认为，在大质量恒星的“晚年”，都会有一次可怕的超新星爆发。原来星球中的大部分物质被抛射到宇宙空间，剩下的物质急剧收缩，在星体内部产生了极大的压力，把原子的外层电子挤到原子核内，核内的质子与电子结合，就会形成异常紧密的中子结构物质，这就是中子星。

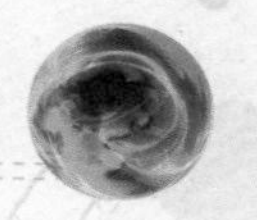

什么是类星体？

类星体的发现被誉为20世纪60年代天文学的四大发现之一。它是一种新型的银河系外的天体，到目前为止已经发现了数千个类星体。

类星体分为类星射电源和蓝星体两种。对于那种类似恒星而并非恒星的天体，人们称之为“类星射电源”。后来通过光学观测又发现了在相片底片上有类似恒星的点状像，在它们光谱中的发射线也

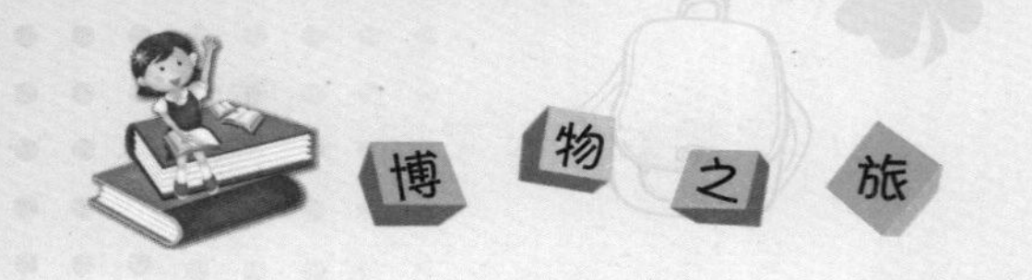

有很大的红移，但不是射电波，这种天体被称为“蓝星体”。类星体的显著特征是具有很大的红移，即它们以飞快的速度在远离人们。根据它们在相片底片上呈现出来的类似恒星的点光源像，天文学家们推算其星体大小不到1光年，或者只是银河系大小的万分之一，甚至更小。类星体距离人们非常遥远，在几十亿光年以外，甚至更远。但是它们看上去光学亮度却并不弱，其光区的辐射功率是普通星系的成百上千倍，而其射电辐射功率比普通星系大100万倍。有些天文学家认为，类星体并不是在人们根据其红移值推算出来的遥远地方，而是在银河系附近的某处。

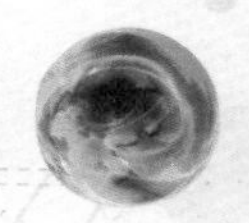

黑洞是怎么回事？

“黑洞”很容易让人联想成是一个大黑窟窿，其实不然。科学家们认为，黑洞是由具有极大质量的恒星坍缩后形成的。它有很高的密度和引力，以致于任何物质和辐射（包括速度最快的光）都逃不出它的吸引。

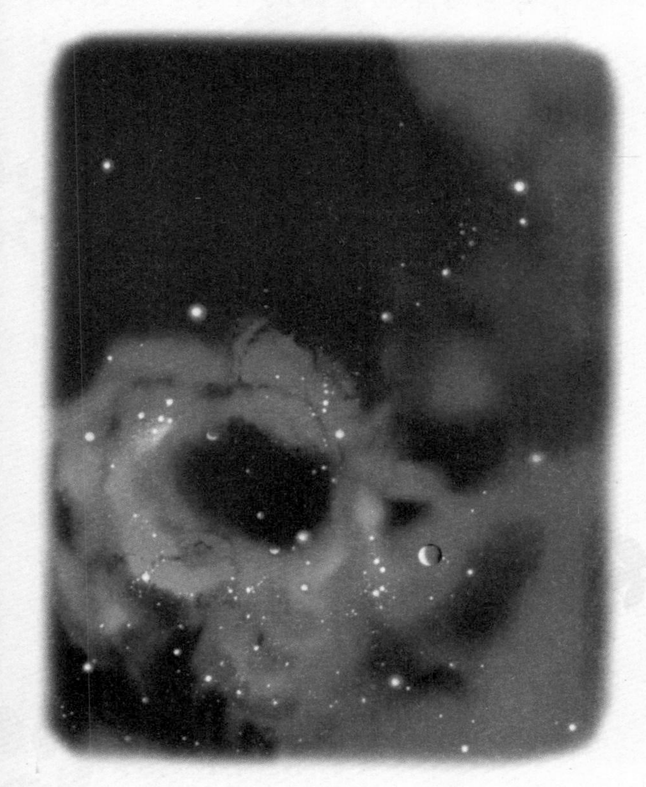

同别的天体相比，黑洞显得很特殊。人们无法直接观察到它，连科学家都只能对它的内部结构提出各种猜想。那么，黑洞是怎么把自己隐藏起来的呢？答案就是弯曲的空间。光是

沿直线传播的，可是根据广义相对论，空间会在引力场的作用下弯曲。简单地说，光本来是要走直线的，只不过强大的引力把它拉得偏离了原来的方向。

在地球上，由于引力场作用很小，这种弯曲是微乎其微的。而在黑洞周围，空间的这种变形非常大。即使是被黑洞挡住的恒星发出的光，也会有一部分光线通过弯曲的空间，绕过黑洞而到达地球。所以，人们也能观察到黑洞背面的星空，就像黑洞不存在一样，这就是黑洞的“隐身术”。

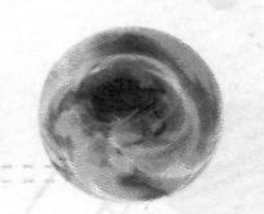

白洞是怎样形成的？

根据爱因斯坦的广义相对论，人们由黑洞推测出来了另一种奇特的天体，叫作白洞。黑洞的基本特征是任何物质只能进入它的边界，而不能从中跑出来。和黑洞截然相反，白洞内部的物质可以流出边界，而边界以外的物质却不能进入白洞。换句话说，白洞拒绝任何外来者，只允许自己的物质和能量向外辐射。

一直以来，科学家们对白洞的形成有着各种猜测。有人认为，白洞是黑洞的“物极必反”，由黑洞演化而来。白洞中的超密度物质是由原先因引力坍缩而形成黑洞时造成的，

通过白洞的形式，将它在身为黑洞时搜刮来的“不义之财”全部施舍殆尽。也有人认为，在宇宙最初的大爆炸中，由于爆炸是不均匀的，有些密度极高的物质没有立即膨胀开来，它们过了很长时间才开始膨胀，就形成了新的膨胀中心——白洞，源源不断地向外界散发物质和能量。

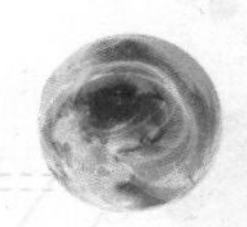

有没有可能超光速飞行？

美国“先驱”号和“旅行者”号宇宙飞船在宇宙中已经飞行了几十年了，仍然以每秒钟17.2千米的速度向宇宙深处飞去。但是，当这些飞船到达太阳系外离地球最近的恒星——比邻星的时候，也将是十多万年以后的事情了。即使这些飞船以光速的速度行驶，对于直径为10万光年的银河系来说，也是无济于事的。那么，宇宙飞船有没有可能以比光速还要快的速度飞行呢？

爱因斯坦的相对论告诉人们，光速是宇宙中一切运动物

体的极限速度，这就为超光速飞行判了“死刑”。但是，科学家们并没有放弃在这方面的探索。1988年，美国工程师奥伦斯基声称自己在实验中发现有运动速度比光速快100倍的信号，但是许多物理学家认为他的实验有漏洞，不足以证明超光速信号的存在。1995年，英国伦敦大学的伊恩·克劳福德提出，根据现代物理学理论，想要实现更节省时间的宇宙航行，要么通过所谓的“蠕虫洞”（即物理学理论中假设的由强重力场造成的缝隙），要么就是通过压缩自然距离的方法来实现，这种方法叫作空间翘曲推进。他的这种理论主张受到了人们的关注。

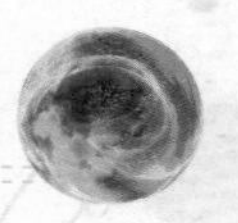

什么是行星？

行星是指自身不发光的、环绕着恒星运动的天体。一般来说，它具有一定的质量，形状大多是圆球状。近期，国际天文学联合会又在这一定义上增加了一条：能够清除其轨道附近的其他物体。而不能清除其轨道附近其他物体的天体则被称为“矮行星”，曾作为太阳系“九大行星”之一的冥王星就因此被确定为“矮行星”，退出了太阳系行星行列，从此太阳系就只有“八大行星”了。

行星名字的来历是这样的：由于它们在特定轨道上围绕恒星移动，就

好像在行走一般，人们就把它们叫作行星。太阳系内肉眼可见的5颗行星——水星、金星、火星、木星和土星早就已经被人类发现了。后来人类认识到，地球本身也是一颗行星。望远镜被发明出来后，人类又发现了天王星、海王星和最近才被列为“矮行星”的冥王星。20世纪末，人类在太阳系以外的宇宙空间中也发现了行星，现在已经有近百颗太阳系外的行星被确定了。

行星为什么会有不同的颜色？

行星和卫星都不能自己发光，完全靠反射太阳光产生光辉，然而它们的颜色却各不相同。金星是灿烂夺目的，火星是火红的，土星和木星是淡黄而略带乳白色的，天王星和海王星则是蓝绿色的……

行星为什么会有不同的颜色呢？这与它们的大气构成和表面的性质有关。金星的大气中有浓密的二氧化碳和云层，能够把阳光中的蓝光吸收进去，而橙色光则被它更多地反射出来，就显出金黄的色彩了。火星的大气比较稀薄，重力很小，但是“尘暴”常常将它表面橙红色的氮化物卷到高空，火星就呈现出红色了。水星、土星的大气中因为含有氢和氦，也各具一色。

天王星和海王星也与众不同，它们在望远镜中是蓝绿色的。这和它们的大气成分有关。天王星和海王星的大气中含有甲烷，而甲烷对阳光中的红、橙色光具有强烈的吸收作用。这样，经过大气反射后的阳光主要就是蓝色和绿色了。

太阳系的八大行星是指哪些行星？

过去人们常说太阳系有“九大行星”，但经过天文学家不断研究发现，其实太阳系应该是只有“八大行星”才对。它们是太阳系的主要成员，由内到外依次是：水星、金星、地球、火星、木星、土星、天王星和海王星。这些行星围绕着太阳不停地公转，同时也以各自的地轴为轴心自转。它们的公转轨道大多近似圆形，也接近同一水平面。

八大行星可以分成两大类：一类为地球组行星，称为“类地行星”，包括水星、金星、地球和火星；另一类为“木星组行星”，包括木星、土星、天王星和海王星。这八大行星中除了水星和金星之外，都有自己的卫星围绕着旋转。

曾作为太阳系第九大行星的冥王星，由于它的轨道和许多外海王星天体运行轨道类似，而它微薄的引力无法将这些星体排除出去，因此不符合新规定的行星定义，在2006年8月

24日被天文学家定义为“矮行星”，从此褪下了太阳系“大行星”的称号。也就是说，“九大行星”的说法已经退出历史舞台，今后人们要记住的就是太阳系“八大行星”和一颗“矮行星”冥王星。

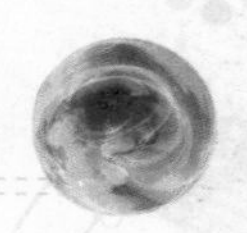

为什么太阳系中只有地球上存在生命？

到目前为止，在太阳系的八大行星中，只有地球上有生命，这是为什么呢？达尔文的进化论告诉人们，生命的进化是从低等到高等、从水生到陆生、从单细胞到多细胞逐步演化来的。产生生命的先决条件是具备从无机物到有机物、从大分子结构有机物到生命形成的各种条件，生命产生后还要有生命赖以生

存的环境才能够得以延续。在太阳系的八大行星中，只有地球符合这些能够使生命存在的条件，而其余的七大行星既没有符合生命产生的条件，也没有适合生命存在的环境。

金星比地球离太阳更近一些，所以它的表面温度达到450℃以上，即使是在晚上也足可以把岩石熔化。这样的高温当然是生命没有办法生存的。至于比地球远离太阳的火星，它的表面温度比地球低得多，尽管火星白天的温度为30℃，但是晚上却为－150℃，并且火星上没有生命赖以生存的水。

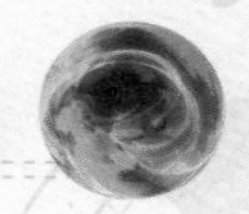

太阳系里各行星一年的时间为什么不一样长？

整个太阳系在太空中旋转。在太阳系内部，行星围绕着太阳运转，叫作公转。太阳系里各行星上一年的时间，也就是行星围绕太阳公转一周的时间。行星距离太阳的远近不同，它们每年各自要走的路程长短也不同，所以它们绕太阳公转的时间也就长短不同了。距太阳最远的海王星走得最长，而距太阳最近的水星则走得最

短。水星上 1 年约等于地球上 88 天，金星上 1 年约等于地球上 225 天，火星上 1 年约等于地球上 2 年，木星上 1 年约等于地球上 12 年，土星上 1 年约等于地球上 29 年，天王星上 1 年约等于地球上 84 年，海王星上 1 年约等于地球上 165 年。

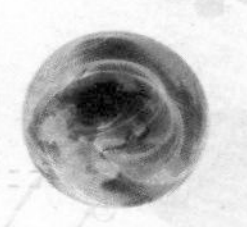

为什么质量大的星球大多是球体？

质量大的星球主要包括恒星和行星。恒星的表面都有极高的温度，使得它上面所有的物质都是气体状态的，而气体的扩散在各个方向都相同，范围也大致相等，同时各部分的气体都受到星体内部万有引力的吸引。所以在这些力量取得平衡的情况下，想要使所有的物质都尽量靠近星球重力中心，唯一的办法就是形成球状。而行星自己是不会发光发热的，它是一个有一定质量的、坚硬的圆球体。只不过在它刚形成时，也是炙

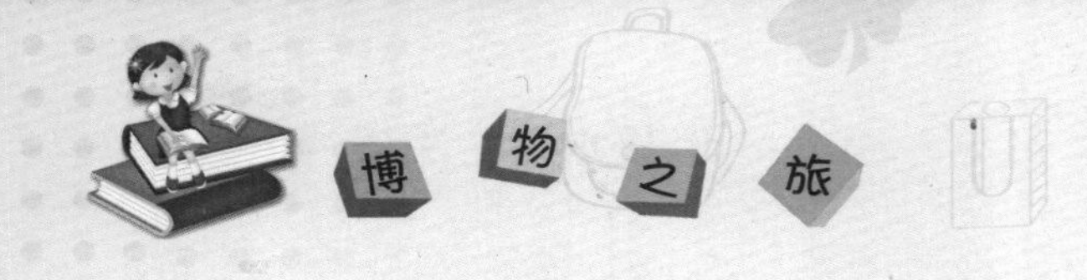

热的熔化物质，由于它有自转，会产生一定的离心力，同时又受到自身万有引力的吸引，所以它的形状一般为球形或扁球形。而小行星、彗星等其他小天体，由于其质量较小，对自身的引力不足够大，因而无法超越本身结构的力量，也就会形成不规则及不完整的形状，不会形成球状了。

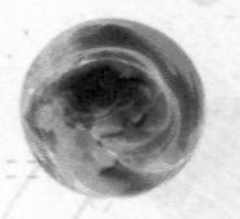

星星为什么会眨眼睛？

人们常看见星星一闪一闪的，好像是在眨眼睛，这实际上是地球周围的大气层在变戏法。

地球是一个很特别的星球，它的周围有一层厚厚的大气包裹着。这些大气看不见、摸不着，但是很活跃。位置不同，空气的冷热也不一样，热空气的密度小，冷空气的密度大。热空气上升，冷空气下沉，这样冷热空气不停地循环流动，使空气动荡不定。空气流动就

像飘荡的薄纱一样，有的部位厚一些，有的部位薄一些。天上的星星是宇宙中的恒星，它们像太阳一样燃烧发光，只是因为距离太远，看起来就像一个个的小亮点了。星星发出的光本来是沿直线传播的，但是当这些光穿过大气层时，碰到厚薄不一样的大气层，发生了折射，不再沿着直线方向传播了，一会儿偏向左，一会儿偏向右，一会儿强，一会儿弱，最后传到人们眼睛里，就好像眨眼睛一样，一闪一闪的。

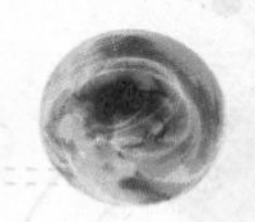

天上有多少颗星星？

天空中的星星虽然看起来密密麻麻，但是只要人们有足够的耐心，一个星座一个星座地数，几个夜晚就能将看到的星星数个遍。天文学家仔细计算过，全天空用肉眼能够看见的星星大约只有 6900 颗。而且，一个人在同一时刻只能看到头顶的半个天空，另一半在地平线以下，是看不到的。所以人们在同一天空能看到的星星只有 3000 颗左右。

当然，如果人们借助望远镜，情况就不同了，哪怕只用

一台小型天文望远镜，也可以看到5万颗以上的星星。现代最大的天文望远镜能看到20亿颗以上的星星。其实，天上星星的数目还远不止这些。宇宙是无穷无尽的，现代天文学家所看到的，只不过是宇宙中很小很小的一部分。

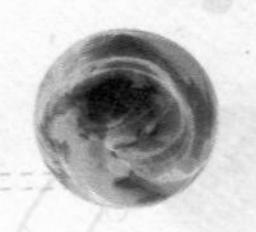

天空中哪一颗星星最亮？

在北半球冬春两季的上半夜，偏南方向的天空中，从猎户座三星向东南方向延伸，人们可以很容易找到一颗全天最亮的恒星——大犬座 α，中国古代称之为天狼星。天狼星是一个双星系统，呈蓝白色，但是根据古书记载，在 1400 年之前，

它还是红色的，后来由于一些人们无法知道的原因变成了现在的蓝白色。

天狼星的质量、体积大约是太阳的2倍，温度比太阳高得多，亮度是太阳亮度的20多倍。其实宇宙中还有许多星比天狼星要亮得多，因为天狼星距离地球较近，仅有8.7光年，所以在地球上看，天狼星就是最亮的星星。

天狼星的伴星是1862年美国天文学家最先观察到的，它的发光量仅是主星的万分之一。尽管天狼星主星光芒四射，但是用大望远镜还是能看到伴星的。天狼星伴星的质量与太阳差不多，而半径却比地球还小，它的密度极高，比太阳还要大得多，这是第一颗被发现的白矮星。

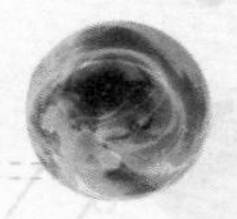

什么是星云？

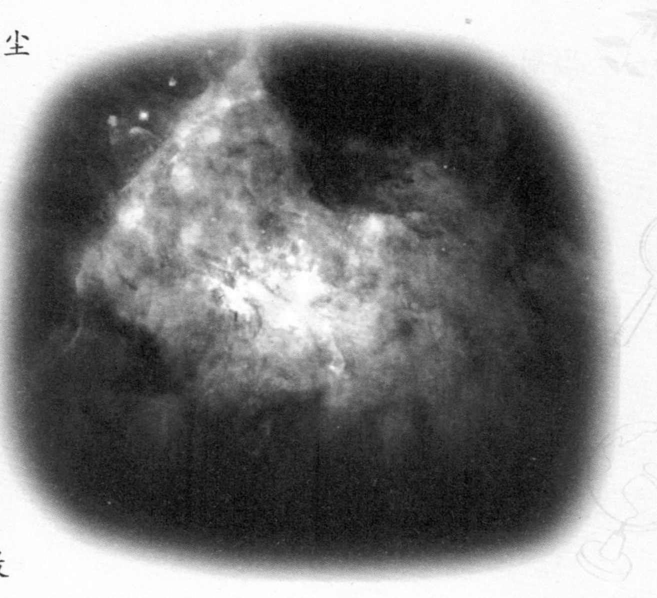

星云是由气体和尘埃组成的呈云雾状外表的天体，主要组成物质是氢。除个别外，多数星云必须借助望远镜才能被看到。星云可以说是人们已知的天体中最美丽的，因为它的形状不规则，而且没有明确的边界。从形态上，星云可以分为行星状星云、弥漫星云和超新星遗迹。人们有时将星系、各种星团及宇宙空间中各种类型的尘埃和气体都称为星云。

同恒星相比，星云具有质量大、体积大、密度小的特点。

一个普通星云的质量至少相当于上千个太阳。据理论推算，星云的密度超过一定的限度，就会在引力作用下收缩，体积变小，逐渐聚集成团。一般认为，恒星就是星云在运动过程中，在引力作用下，收缩、聚集、演化而成的。恒星形成以后，又会大量抛射物质到星际空间，成为星云的一部分原材料。所以，恒星与星云在一定条件下是可以互相转化的。

星座是怎样命名的？

天空中的星星密密麻麻，数也数不清。天文工作者为了便于研究，将星空划分为许多区域，把这些区域叫作星座。

很早以前，古人就开始研究星座了，但是各国划分的角度和位置不同，数量和界限也不一样。为了便于交流，1922年国际天文学联合会在前人的基础上，根据天体上的赤经圈和赤纬圈，将星空划分为88个

星座。在这88个星座中，有29个在天球赤道以北，46个在天球赤道以南，跨在天球赤道南北的有13个。

天空中88个星座里，大约有一半是以动物来命名的，如大熊座、天鹅座等；四分之一是以希腊神话中的人物名字命名的，如仙后座、仙女座等；其余四分之一是以用具命名的，如显微镜座、望远镜座等。

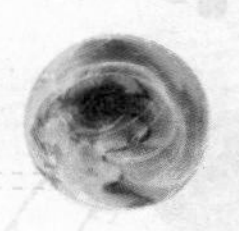

怎样正确看星图识星星？

星图是将天体的球面视位置投影到平面上，表示它们位置、高度和形态的图形，是天文观测的基本工具之一。星图上用赤经和赤纬来表示星星的位置，用星等来表示星星的亮度。人们把肉眼可以看见的星星分为 6 个等级，最亮的叫一等星，大约 20 颗，其次是二等星，再暗的依次是三等、四等、五等星，

肉眼勉强能看见的是六等星。每相差一个等级，亮度就相差2.5倍，所以，一等星就比六等星亮100倍。

星图和地图一样也是有方向的，北在上、南在下、东在左、西在右。古人为了辨别方向，就把天上的星星分为一群一群的，并用一些想象中的线条连接起来，就构成了一个一个的星座。现代人把全天划分为88个星座，每一个星座都有一定的形状和名字，如大熊座、小熊座、猎户座、仙王座等。按照星图上标示的位置，可以将星星一一辨认，这样就可以很清楚地认出天上的星星了。

为什么夏夜的星星比冬夜多？

地球绕太阳公转一周需要一年的时间。而整个银河系有很多颗星星，它们大致分布成一个椭圆形。夏天，地球转到银河中心与太阳之间，银河系的最阔、最密、最亮的中心部分正好在夜晚时出现在天空中。而在其他季节，这段最亮的部分，有时在白天出现，有时在黄昏出现，有时在清晨出现，这样人们就不容易看到它们了。尤其是冬天，地球转到银河边缘与太阳之

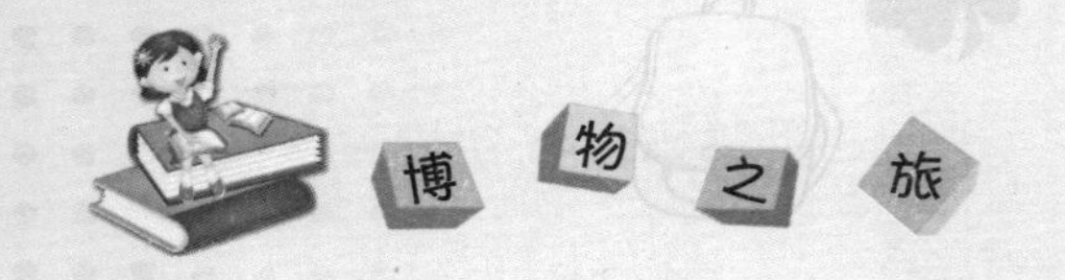

间，白天才能看到银河的中心部分，但由于白天阳光强烈，人们看不见星星，而晚上人们看到的是银河薄薄的边缘，那里的星星就特别少了。所以夏夜人们看到的星星比冬夜多。

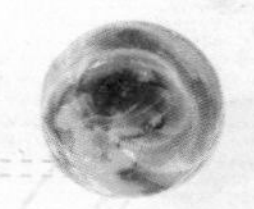

月亮上为什么会有阴影？

每当月亮升起来的时候，地球上的人们就会看见月亮的表面有很多阴影部分，这些阴影部分有些看起来很像是一棵树，我国就有吴刚砍桂花树的神话故事，西方也有相似的神话故事。这些当然都是人们的想象，但是这些阴影到底是什么呢？

原来，月亮和地球上一样，也有山脉、平原和盆地等凹凸不平的地

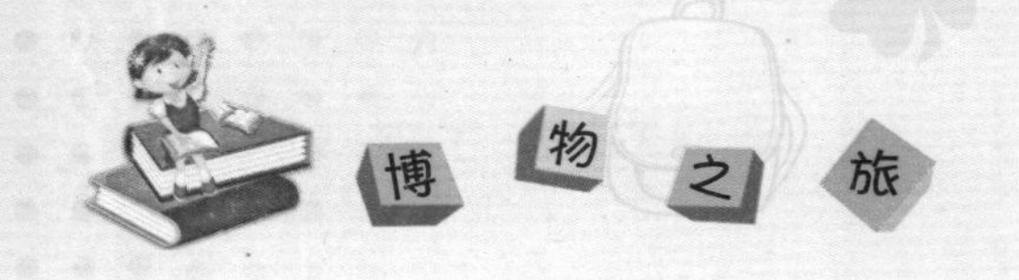

貌。山脉的反射能力比较强，看上去就明亮，平原和盆地的反射能力比较差，看上去就是阴影了。

月亮上连绵起伏的山脉多达十几条，最长的山脉有6400多千米，最高的山峰比珠穆朗玛峰还高，达到9000米。人们从地球上看见月球表面上的暗斑叫作月海，是月球上的平原或盆地。月面的反射率非常低，平均为7%，其中月海的反射率约为6%，月面高地和环形山的反射率为17%，所以，在地球上看见的暗弱部分是月海，明亮部分便是山地。

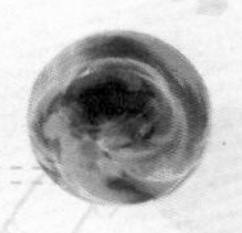

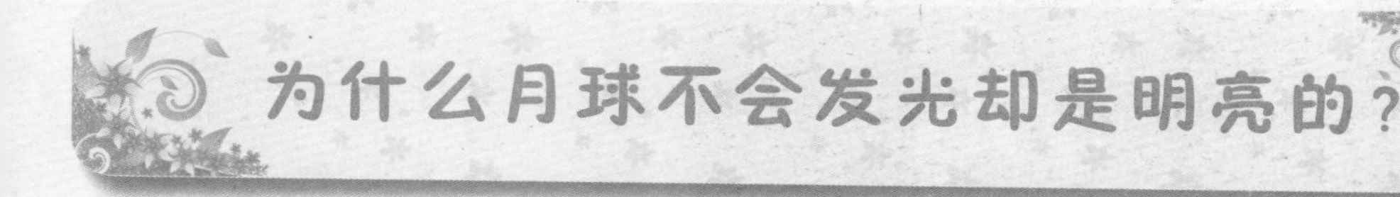

为什么月球不会发光却是明亮的？

月球只是一颗围绕地球运行的卫星，它本身不是光源，既不会发热，也不发光，是一个黑暗的星球。在黑暗的宇宙空间里，人们之所以能够看到月亮，是因为它靠反射太阳光而发亮。会发光的太阳，把自己发出的光照射到月亮上，月亮就被照得亮亮的，所以地球上的人在黑暗的夜晚也可以看到明亮的

月亮。

月球是地球唯一的天然卫星，但不同步。然而有专家推算，大约再过260亿年，月球将会变成地球的同步卫星，也就是说，到那时地球自转的周期，会慢到与月球公转的周期一样，那时地球上的一天就大约等于现在的30天，即现在的一个月。

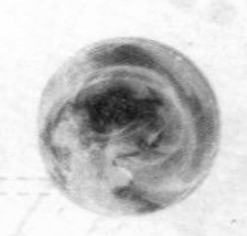

为什么月亮不让人们看见它的背面？

天上的月亮有着阴晴圆缺的变化，形状随着时间的变化而常常改变，然而由于它在绕地球公转的过程中，稍微有些前倾后仰、左摇右摆，使得科学家们能看见的只有它59%的表面。对于一般的观测者来说，看见的也永远只是它的同一面。

月球为什么不肯让人们看见它的另一面呢？原来，月球

绕地球转一周约要27.3天的时间，而它自转一周也需要27.3天，所以它就永远是同一面朝向地球。而且月球对地球的潮汐作用也是造成这一现象的原因之一。人们知道，地球上的潮汐主要是由于月球的引力引起的。其实，除了人们比较常见的海潮以外，还有大气的气体潮和地壳的固体潮。月球对地球的潮汐作用，造成大气、海水、地壳内部物质之间的摩擦，使地球的自转能量受到了损失，从而减慢了地球的自转速度。

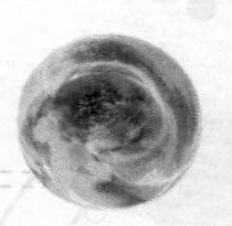

月亮为什么时圆时缺？

因为月亮本身是不会发光的，它身上的光都是反射太阳的光。月亮在围绕地球运动时，它和太阳、地球的相对位置会时常发生变化 。由于月亮在不停围绕地球公转，时时改变着自己的位置，所以它正对着地球的半个球面与被太阳照亮的半个球面，有时完全重合，有时完全不重合，有时一小部分重合，

有时一大部分重合。完全重合时，人们就看到一个圆圆的满月；完全不重合时，就看不到月亮；一小部分重合就看到弯弯的钩月；一大部分重合时看到的是胖胖的弯月，这样月亮就表现出了阴晴圆缺的变化。

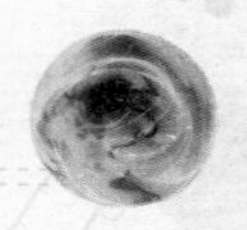

为什么人们认为中秋之夜月亮分外明？

中国有句俗语："月到中秋分外明。"人们认为农历八月十五中秋节的月亮是一年中最大最圆的。但是从天文学的角度上看，中秋节的月亮并不比其他满月时更圆更亮。

月亮在一个椭圆形的轨道上运行，它离地球的距离时近

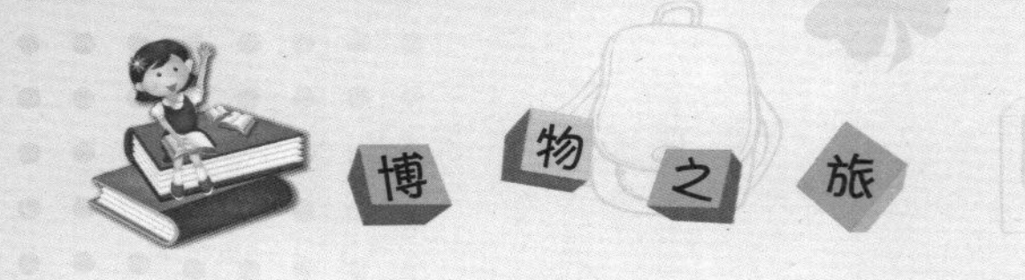

时远。中秋节这天，月亮经常不在离地球最近的位置。而且，人们从地球看月亮是有圆缺变化的，从一个满月到下一个满月，大概需要30天，就是一个朔望月。“朔”是每个月的初一，15天以后就是“望”。只有“朔”发生在初一，“望”才会在十五晚上，但这是很少见的。很多时候望月并不在十五，而是发生在十六的晚上。因此人们也常说“十五的月亮十六圆”，可见中秋节的月亮并不一定是最亮最圆的。人们认为中秋节的月亮分外明，是一种主观感受，另外也与季节有关。因为春天天气比较凉，人们不习惯赏月；夏天的月亮比较低，月光比较少，不适合观赏；冬天比较冷，没有人会出外聚众观赏；而秋天正好不冷不热，月朗星疏，最适合同家人朋友一起观赏。

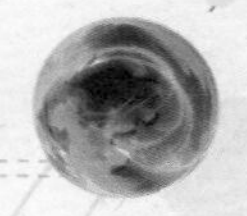

月食是怎么回事？

月食是当月亮运动到地球背对着太阳的阴影区内时，月亮被地球的阴影遮掩所产生的天文现象。出现月食时，地球位于太阳与月亮之间，所以，月食一定会发生在望月的位置上，也就是农历每个月的十五、十六日。不过由于地球公转轨道与月亮公转轨道并不在同一个平面上，月亮并非每个望月都会进

入地球的阴影区域。在一般情况下，月亮不是从地球本影的上方通过，就是在下方离去，很少穿过或部分通过地球本影，所以不可能每个望月都出现月食。每年月食最多发生3次，有时1次也不发生。

月食分为月全食和月偏食两种。月食出现的时间比日食长，月食的全食阶段比日全食要长许多。日全食的全食阶段仅为7分半钟（全过程多达2小时），可是月全食的全食阶段时间为1小时以上（全过程多达3个小时）。

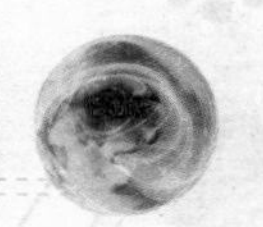

月球的引力对地球生物有什么影响？

月球是地球唯一的自然卫星，和地球有着密切的关系。月球产生的引力对地球上的生物有很大的影响。

太阳的引力作用可以引起潮汐现象，这种潮汐叫作太阳潮汐，而月球潮汐的引潮力比太阳的引潮力大2.25倍。月球的引力对人类和动植物都有影响。南非有一种海生动物只有在满月的时候，才会从洞穴里爬出来产卵。在月照下，植物生长的速度较快、长得较好，特别是对于几厘米高、发芽不久的植物，如向日葵、玉米等最有利；当花枝因损伤出现伤口时，月亮还能清除伤口中那些不能再生长的纤维组织，加快新陈代谢，使伤口愈合。精神

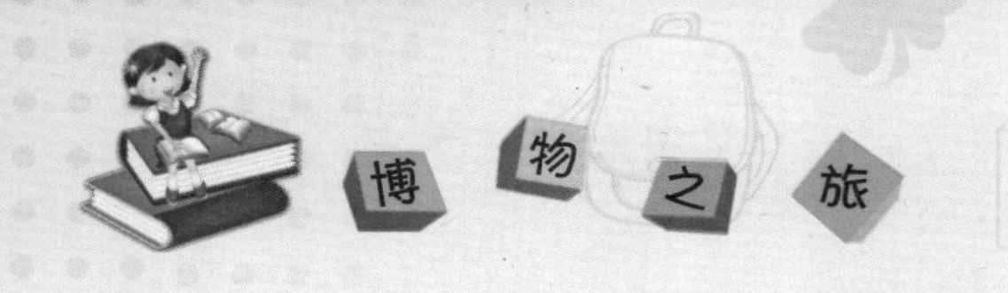

病学家利博尔发现在大学生群体中，那些性格外向的学生在满月、新月期间更加容易情绪激动，而那些平时压抑的学生则会更加忧郁和迟缓，也就是说他们在这个时候的性格趋向会更加明显；他还对一些谋杀案作了统计和研究，发现在月圆前后的一周内，谋杀的发生率较高；在满月和新月期间，心脏病人会疼痛加剧，发作的次数也会增加。这些都表明，月球的引力影响了生命的节律。这是由于水是生命体的重要组成部分，月球的引力就像影响海洋的潮起潮落一样，引起了生命体的变化。

地球上的一天时间为什么越来越长？

人们都知道，地球上的一天是24个小时，但是美国航天局最新研究发现，现在地球上每天的白天时间平均延长了1/1400秒，一昼夜平均延长了1/700秒。这样累积起来，每年延长了半秒钟，120年后每天就会延长1分钟，若干世纪以后，一天的时间就会超过24个小时了。

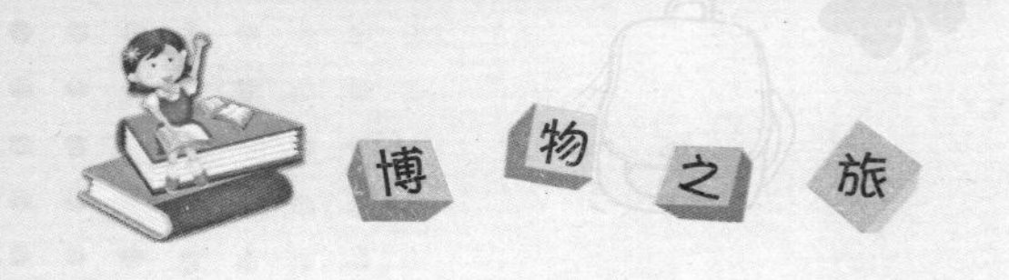

其实地球的运动是变化的，而且极不稳定。科学家分析了许多珊瑚虫化石，从上面的生长线得知，在3.7亿年前，地球上的一年是395天，当时一天的时间仅为23小时。4亿年前，一年有405天，一天只有21.5小时。6亿年前，一年不少于425天，一天仅为20小时。科学家们认为一昼夜的时间变长是由地球自转速度变慢导致的。大多数学者认为是由于涨潮产生的摩擦力，使得地球自转的速度逐渐变慢。日本学者认为，

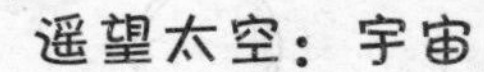
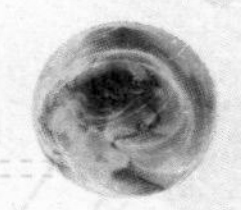

涨潮摩擦力的大小与大陆分布有关：5 亿年前至 3 亿年前的大陆是沿赤道方向排列的，涨潮产生的摩擦力较大，地球自转减慢得较为迅速；2 亿年前以来，大陆逐渐按照南北方向排列，涨潮产生的摩擦力相对减少，地球自转减慢的速度就变缓了。

谁第一个登上月球?

自古以来,月球一直是一个神秘的星球。中国古代就有“嫦娥奔月”的传说,人们也一直梦想着登上神秘的月球。终于,在美国东部夏令时间1969年7月20日,美国的宇宙飞船“阿波罗11号”登上了月球,宇航员尼尔·阿姆斯特朗走下太空舱,率先踏上月球那荒凉而沉寂的土地,成为第一个登上月球并在月球上行走的人。当时,阿姆斯特朗说出了此后在无数场合常被引用的名言:“这是个人迈出的一小步,但却

是人类迈出的一大步。”的确，这是人类有史以来第一次对月球做的最伟大的探险，人类完成了登月的梦想。从此，各国科学家都在进行研究，期盼能够实现人类定居月球的计划。

月球上的脚印能长期保存吗？

月球上的脚印不但能够长期保存，而且比放在博物馆里还保险。这是为什么呢？先分析可能使脚印消失的原因：首先是风。可是大家都知道，月球上没有空气，在真空状态下不可能产生风，也不可能有流沙之类的物质，那脚印就不会被其他物质覆盖。其次就是太阳的直接照射。虽然高温可能会使某些岩石破碎，但是由于没有风，破碎的岩石不会动，这也不足以影响脚印。再次就是陨石的撞击，这种可能

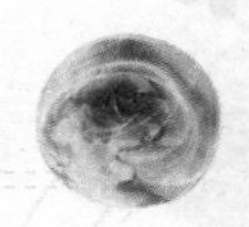

性极小。最后就是太阳风和宇宙粒子流的影响，它们要磨损1毫米的月球表面尘土，得花费几千万年的时间。所以，脚印受不到这些因素的影响，是完全可以在月球上长期保存的。

房屋能建造在月球上吗？

自从1969年人类首次登月后，人们一直在研究如何在月球上建造房屋，以供人们永久居住。在月球上建造房屋有着得天独厚的优势：月球上有丰富的资源，用月球上的岩石和沙子做成的混凝土，要比地球上的牢固得多。月球上还有大量的硅，用它可以制作电池，为居住的人们提供电源。但是，月球上的自然条件十分恶劣，白天的气温在130℃左右，而晚上的气温

在 −170℃左右，温差很大。此外，人类还会受到宇宙射线的辐射和流星的袭击。所以，在月球选择建造房屋的地理位置十分重要。科学家经过仔细的考察研究，发现月球南极附近大环形山中的平坦处是理想的建房区。

月亮会掉下来吗?

19 世纪，奥地利天文学家奥波塞尔就曾计算过，从 1208 年至 2163 年间将会有 8000 次日食和 5200 次月食，由此他掌握了月亮的运行规律。迄今为止，凡是他预测的 20 世纪的日食、月食，都能准时地被观察到，误差不超过 1 秒。这表明月亮运行的轨道确实很稳定，人们也就用不着担心月亮会在某一天突然从天上掉下来了。

月亮之所以不会掉下来，是因为月亮在绕着地球运行时，虽然被地球强大的万有引力紧紧地吸

住，但是月亮在旋转中产生惯性力，使它远离地球。在万有引力和惯性力的相互作用下，月亮一直在一个椭圆形的轨道上运行。因此只要有万有引力和惯性力，月亮会一直稳定地在这个轨道上旋转，不会掉下来。

为什么太阳和月亮有时会有光环？

地球的上空布满了淡淡的云，当太阳或月亮从云中透出时，有时候会在它的四周产生一圈甚至几圈光环，气象学把这种光环叫作晕。出现在太阳周围的晕叫作日晕，出现在月亮周围的叫作月晕。

日晕大多是彩色的，像彩虹一样，不过它的七彩颜色顺序和彩虹正好相反，从内到外依次是红、橙、黄、绿、蓝、靛、紫。而月晕的颜色则多是白色。

晕的出现常常预示着天气将有风雨来临，这

是因为晕的产生往往是在暖湿空气和冷空气交锋的时候。热空气带着大量的水汽上升到冷空气上面，爬上6000米以上的高空，由于那里的气温下降到了零下20℃左右，空气中的水汽就形成了许多六角形的柱状冰晶，组成了卷层云。由于光线通过六角形柱状透明物时产生折射和反射，所以当太阳和月亮的光照射到云层中的冰晶时，人们就看见日晕和月晕了。